AF365403

Publicado por: Voces del Mar Editorial.

Primera edición: Octubre 2024.

ISBN: 978-628-01-4534-1

Editores: Balthazar Maille y Juliana Lopez Marulanda

Ilustraciones por: IA (Midjourney & Canva)
Sonidos fauna: Juliana López Marulanda
Sonido polución: PHySIC (Fundación Macuáticos Colombia)

EL VIAJE DE ECO, EL DELFÍN CURIOSO

EDITIONS
balthazar maille

1. Un Día en el Océano

Eco nadaba alegremente al lado de su madre, disfrutando del calor del sol y del suave vaivén de las olas. "Mamá, ¿qué son esos sonidos que siempre escucho bajo el agua?" preguntó Eco curioso. Su madre sonrió y dijo: "Esos son los cantos de las ballenas, los clicks de los delfines y muchos otros sonidos que usamos para comunicarnos. ¿Sabes? Las hembras delfín, como tu abuelita, son muy especiales. Ellas cuidan de las crías y nos enseñan muchas cosas importantes. Por eso, es una gran idea que visites a tu abuelita. Ella sabe todo sobre los sonidos del océano y puede contarte muchas historias".

3.Los Delfines y Sus Silbidos Firma

Eco nadaba cerca de un grupo de delfines jóvenes. "Hola Eco", dijo uno de ellos con un silbido distintivo. "¿Cómo sabes mi nombre?" preguntó Eco. "Nosotros, los delfines, tenemos nuestros propios silbidos firma que funcionan como nombres. Cada uno de nosotros tiene un silbido único que nos identifica", explicó el joven delfín.

La abuela de Eco añadió: "Los Silbidos Firma son silbidos que se llaman así porque es como el nombre de cada uno. Intenta repetir tu silbido y los otros sabrán dónde estás y podrán encontrarte."

Eco practicó su propio silbido firma, sintiéndose más conectado con sus amigos y familia. "Es asombroso cómo podemos mantenernos juntos y coordinarnos usando solo nuestros silbidos", pensó Eco mientras nadaba felizmente.

5. Los Camarones Masticadores

Más adelante, Eco y su abuela encontraron un grupo de camarones en el fondo del mar. "Mira esos camarones, Eco", dijo la abuela. "¿Sabías que hacen ruido cuando comen? ¿Quieres escuchar?" Eco asintió emocionado.

La abuela le explicó: "Cuando los camarones se alimentan, hacen pequeños crujidos al mover sus pinzas y cuerpos contra el fondo."

Eco se acercó y escuchó atentamente los suaves chasquidos. "¡Vaya! ¡Puedo oír cómo están comiendo!" exclamó. La abuela sonrió y añadió: "Sí, es fascinante cómo producen sonidos solo al comer."

7. El Ruido que confunde

Eco y su abuela nadaban cerca de una zona con muchos barcos. De repente, el ruido era tan fuerte que Eco se desorientó y perdió de vista a su abuela.

"¡Abuela! ¿Dónde están todos?", gritó, asustado.

Recordando lo que aprendió del cachalote, Eco hizo clics para orientarse. Sus clics rebotaron en las rocas cercanas, pero aún no encontraba a su familia.

Entonces, usó el silbido firma que su abuela le enseñó. Escuchó la respuesta de su madre a lo lejos.

"¡Lo logré! ¡Puedo encontrarlos!", exclamó Eco, nadando hacia su familia.

Su abuela sonrió, satisfecha de lo que Eco había aprendido.

9.Información Adicional y Actividades

Delfines y Silbidos Firma

Comunicación Individualizada: Los delfines utilizan silbidos firma para identificarse y llamarse unos a otros, funcionando como una especie de nombre personal.

Encuentro y Coordinación: Estos silbidos permiten a los delfines encontrarse y coordinarse en el vasto océano, ayudando a mantener la cohesión del grupo y a coordinar sus actividades.

Ballenas jorobadas

Comportamiento Social: Los machos utilizan sus canciones para comunicarse con otras ballenas, especialmente durante la temporada de apareamiento.

Canciones Largas: Los machos de ballena jorobada son conocidos por sus largas y complejas canciones que pueden durar más de 20 horas. Estos sonidos pueden viajar largas distancias bajo el agua.

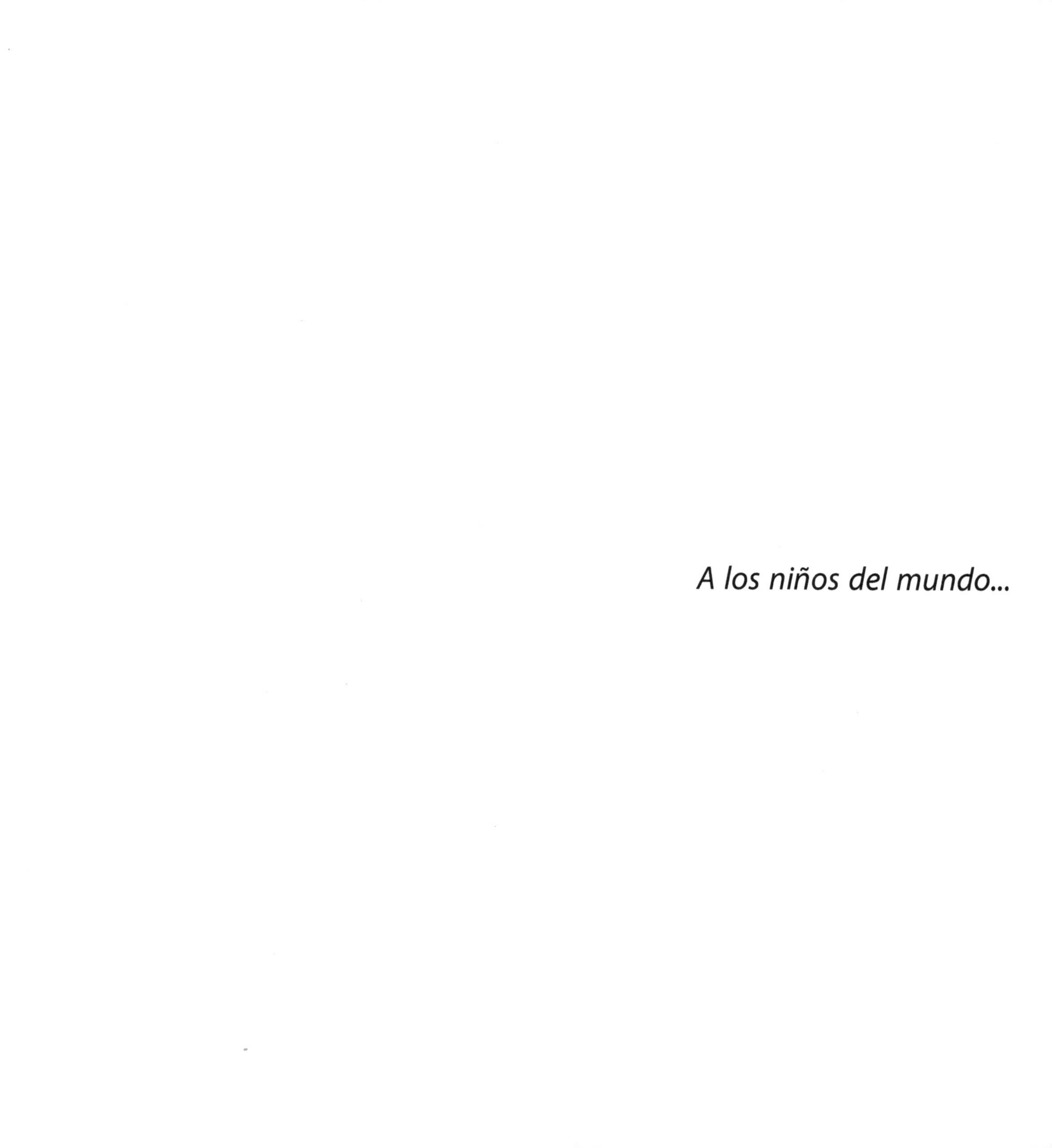

A los niños del mundo...

En algunas páginas de este libro, justo debajo del título, encontrarás un código QR como éste . Pon la cámara de un smartphone por encima del código QR para escuchar algunos sonidos del mar grabados por la autora de este libro.

2. Encuentro con la Abuela

Eco se dirigió hacia la cueva donde vivía su abuela, una delfina sabia con muchas historias por contar. "Abuela, quiero saber más sobre los sonidos que escucho bajo el agua" dijo Eco emocionado. La abuela le respondió: "Claro, Eco. El océano está lleno de sonidos fascinantes. Cada criatura tiene su propia manera de comunicarse. Hoy te llevaré a conocer a algunas de ellas."

8. El Regreso a Casa

Eco y su madre se reunieron gracias a los sonidos que él había aprendido a reconocer y utilizar. "Estoy muy orgullosa de ti, Eco" dijo su madre. "Ahora eres un joven líder listo para enseñar a otros delfines lo que has aprendido."

Camarones Masticadores

Ruidos al Alimentarse: Los camarones producen sonidos cuando se alimentan, al mover sus pinzas y cuerpos en el fondo del mar.

Cachalotes y Ecolocalización

"Ver con los oídos": Los cachalotes se alimentan en las profundidades del océano y usan ecolocación para "ver" en la oscuridad. Emiten clics que rebotan en los objetos, lo que les permite orientarse y encontrar comida, como los calamares gigantes. ¡Pueden bucear hasta 2800 metros bajo el agua y también usan estos clics para comunicarse entre ellos!

Contaminación Acústica

La polución sonora: También llamada contaminación acústica es el ruido excesivo generado por barcos, sonares y otras actividades humanas en el océano. Este ruido afecta a los animales marinos, como ballenas y delfines, interfiriendo en su capacidad para comunicarse, orientarse y cazar. La exposición prolongada puede desorientarlos o interrumpir sus comportamientos naturales. Para reducir su impacto, es esencial regular el uso de sonares y desarrollar tecnologías más silenciosas en la navegación.

Pequeños Experimentos Sonoros, (para realizar con la ayuda de un adulto).

Crear un Hidrófono Casero:

Materiales: Un micrófono, una bolsa plástica sellable y cinta adhesiva impermeable.

Instrucciones: Coloca el micrófono dentro de la bolsa plástica y sella bien con la cinta adhesiva. Sumerge la bolsa en un recipiente con agua, un estanque o una piscina y conecta el micrófono a un dispositivo de grabación. Intenta grabar los sonidos bajo el agua y compáralos con los sonidos en el aire.

Crear un Silbido Firma:

Materiales: Grabadora de voz o un teléfono con aplicación de grabación.

Instrucciones: Cada niño crea su propio silbido firma, graba y practica. Luego, pueden usarlo para jugar a llamarse unos a otros desde diferentes partes de la casa o el jardín, simulando cómo los delfines se encuentran en el océano.

Voces del Mar es una editorial dedicada a la publicación de libros que fomentan la conciencia ambiental y el respeto por la biodiversidad.

4. Las Ballenas Cantoras

La abuela llevó a Eco a una zona donde las ballenas jorobadas nadaban majestuosamente. «Escucha atentamente, Eco», dijo la abuela. Eco quedó maravillado al escuchar las largas y melódicas canciones de una ballena jorobada. «¿Por qué cantas tan fuerte?» preguntó Eco, intrigado.

La ballena sonrió y respondió: «Nuestras canciones pueden durar más de 20 horas y viajar miles de kilómetros bajo el agua. Así es como nos mantenemos en contacto con nuestras familias, sin importar la distancia».